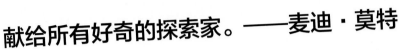

献给所有好奇的探索家。——麦迪·莫特

图书在版编目（CIP）数据

从大象便便到再生纸：探寻万物循环的奥秘 / (英)
麦迪·莫特著；(英)保罗·波士顿绘；李璐译. —上
海：上海社会科学院出版社，2023
书名原文：Stuff: Curious Everyday STUFF That Helps Our Planet
ISBN 978-7-5520-3956-6

Ⅰ.①从… Ⅱ.①麦… ②保… ③李… Ⅲ.①生活用
具—儿童读物 Ⅳ.①TS976.8

中国版本图书馆CIP数据核字（2022）第165466号

STUFF
First published in Great Britain in the English language by Penguin Books Ltd.
Text copyright © Maddie Moate, 2021
Illustrations copyright © Paul Boston, 2021
Author photo copyright © Elodie Giuge
All rights reserved.
本书中文简体版权由PENGUIN BOOKS LTD授权青豆书坊（北京）文化发展有限公司代理，
上海社会科学院出版社在中国除港澳台地区以外的其他省区市独家出版发行。未经出版者
书面许可，本书的任何部分不得以任何方式抄袭、节录或翻印。版权所有，侵权必究。

上海市版权局著作权合同登记号：图字09-2022-0723号

封底凡无企鹅防伪标识者均属未经授权之非法版本。

从大象便便到再生纸：探寻万物循环的奥秘

著　　者：[英]麦迪·莫特
绘　　者：[英]保罗·波士顿
译　　者：李　璐
责任编辑：周　霈
特约编辑：晋西影
装帧设计：邱兴赛　刘邵玲
出版发行：上海社会科学院出版社
　　　　　上海市顺昌路622号　　　　邮编 200025
　　　　　电话总机021-63315947　　　销售热线021-53063735
　　　　　http://www.sassp.cn
　　　　　E-mail: sassp@sassp.cn
印　　刷：北京联兴盛业印刷股份有限公司
开　　本：889毫米×1194毫米　1/16
印　　张：3.5
字　　数：140千
版　　次：2023年2月第1版　　　2023年2月第1次印刷
审 图 号：GS（2022）05068号

ISBN 978-7-5520-3956-6 / TS·013
定价：69.80元

版权所有　翻印必究

从大象便便
到再生纸

探寻万物循环的奥秘

[英] 麦迪·莫特 / 著　　[英] 保罗·波士顿 / 绘　　李璐 / 译

上海社会科学院出版社
SHANGHAI ACADEMY OF SOCIAL SCIENCES PRESS

大家好！我是这本书的作者麦迪。

十分感谢你选择了这本书！如果你喜欢冒险，关心这个星球，想要了解各种日常物品是怎么制作出来的，那么这本书一定会让你满意。

我一直都对物品的制作过程着迷。在过去的5年里，我探访了许多工厂、农场和作坊，探索它们的内部运作方式，了解人们是怎么生产日常用品的。

我也曾有幸通过电视和网络分享过自己的探索经历，此刻我将通过本书与大家共享。

我逐渐发现，我们日常生活中用到的每一件物品都有它自己的故事。从它的诞生到被使用的过程，再到归宿，每一件物品都有一段非凡的"生命"历程。

它从哪儿来？它是怎么被加工而成的？它会经历什么？

这些故事意义非凡，因为它们对这个世界产生着影响。

在我们生产、使用直到最后丢弃这些物品时，通常不会去思考它们的故事，但当我们真正去细细琢磨它们的制作过程以及它们对我们这颗星球的影响时，即使最平常的东西也会在瞬间变得非比寻常。

你能想象用大象的便便造纸吗？

火车还能悬浮在半空中？

如果可以用污染物做墨水会怎样？

用蜂巢做成的围栏什么样？

世界各地，从古至今，人们以最人性化、最具创造力，常常也是令人惊讶的方式发明了诸多日常用品。

我发现有关这颗星球的这些故事确实令人振奋，所以接下来我将在本书中分享一些我最喜欢的故事。跟我一起，展开一场全球生态之旅吧！

你即将读到的这些故事的发生地，有些我曾经去过，有些我没去过，让我们通过这本书一起探访这些地方吧。看看你能不能在接下来的故事里找到我。

好，那我们就开始吧！下一页，你会看到一张地图，它将为你的旅途指引方向。

你想去的第一站是哪里？

请保持你的好奇心。

麦迪

Maddie

本书地图系原书插附地图

2

创意制作

　　了解这些故事后我开始思考，我能在家里制作什么，以及什么东西可以被再利用。翻开本书的第42—45页，试一试书上提到的这些创意活动，或许你也能发明点儿什么，或者变废为宝。让你的想象飞扬吧！

你可能需要了解的事物

　　本书中有一些**特别的词汇**和**短语**，你可能知道一些，也可能不太熟悉。它们格外特别，因为理解它们有助于我们更好地保护地球。你可以在本书的第46—48页查阅它们的解释。

REDUCE
减量化
再利用
再循环
RECYCLE
REUSE

要找的东西！

　　在旅行中，我喜欢四处观察、探索，总是期待着发现些新东西。阅读过程中我也很享受探索事物的乐趣。来看看你能在第49页的"观察者指南"里找到什么。

世界各地的非凡之物

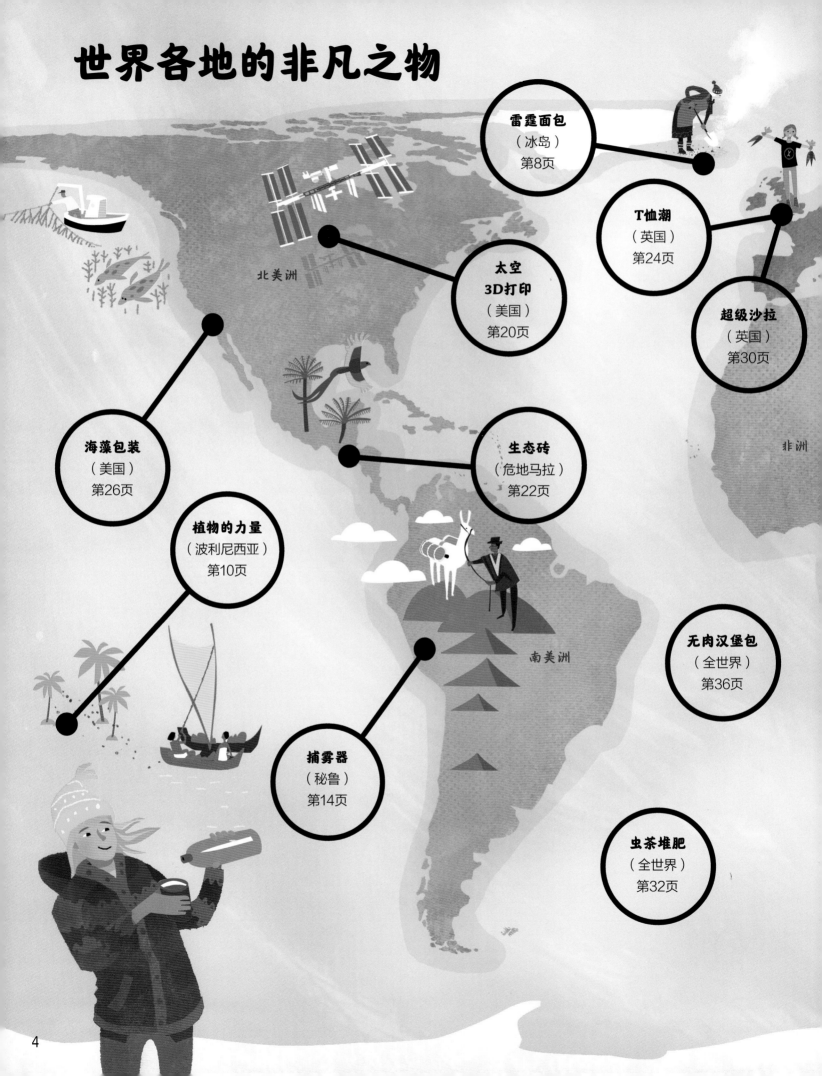

雷霆面包
（冰岛）
第8页

T恤潮
（英国）
第24页

太空
3D打印
（美国）
第20页

超级沙拉
（英国）
第30页

北美洲

海藻包装
（美国）
第26页

生态砖
（危地马拉）
第22页

非洲

植物的力量
（波利尼西亚）
第10页

无肉汉堡包
（全世界）
第36页

南美洲

捕雾器
（秘鲁）
第14页

虫茶堆肥
（全世界）
第32页

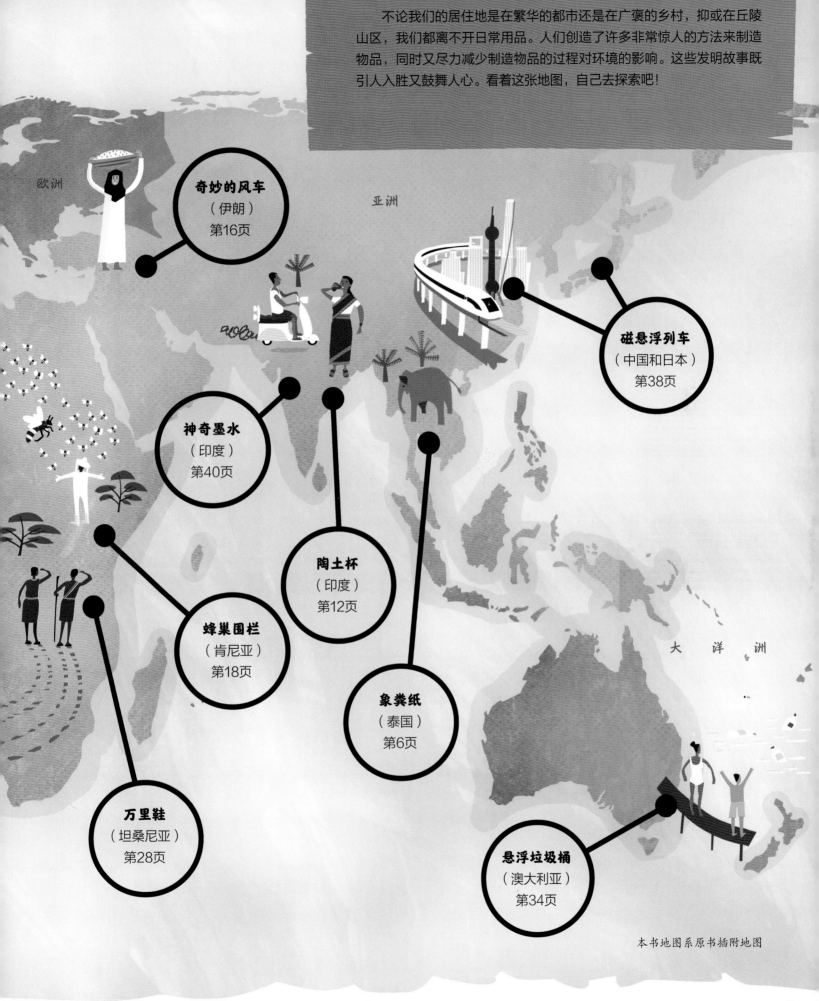

不论我们的居住地是在繁华的都市还是在广袤的乡村，抑或在丘陵山区，我们都离不开日常用品。人们创造了许多非常惊人的方法来制造物品，同时又尽力减少制造物品的过程对环境的影响。这些发明故事既引人入胜又鼓舞人心。看着这张地图，自己去探索吧！

欧洲

亚洲

奇妙的风车
（伊朗）
第16页

磁悬浮列车
（中国和日本）
第38页

神奇墨水
（印度）
第40页

陶土杯
（印度）
第12页

蜂巢围栏
（肯尼亚）
第18页

大 洋 洲

象粪纸
（泰国）
第6页

万里鞋
（坦桑尼亚）
第28页

悬浮垃圾桶
（澳大利亚）
第34页

本书地图系原书插附地图

5

象粪纸

你有没有想过纸是从哪里来的？ 如今，大多数纸张是用木材和回收纸制品制成的，但纸也可以用大米、椰子、旧棉衣……甚至用大象的便便来制造！

所有这些东西一开始都是植物，主要由一种叫作**植物纤维**的东西组成。植物纤维是一种毛发状的细丝，它的作用是帮助塑造植物的形状。当你撕开香蕉叶的叶片或者剖开椰子壳，你会看到里面有细密的纤维。如果你加水并把植物纤维捣成糊状，然后把糊状混合物铺成薄薄的一层，它们干燥后就会变成一张纸！

    =

树皮　　椰子　　水稻　　香蕉叶　　　植物纤维

如何用便便造纸？

大象能吃很多很多很多的植物，一头大象一天可能要花上19小时来进食，并且每天吃掉150千克左右的食物（相当于一只成年大猩猩的体重）——这些食物大部分由植物纤维构成。

粪棚 ←

大象便便 →

然而，植物纤维很难消化，大象的消化系统也很差。实际上，它们只能消化四分之一到一半的食物，所以很多植物纤维怎么进去的就怎么出来了！这么多的食物就意味着会产生大量的粪便，大象一天可以便便15—20次！那可是一大堆富含纤维的粪便，可以好好地利用。

泰国北部清迈的丛林中，有一家大象便便造纸厂。这里的人们与大象保护区密切合作，大量生产象粪纸！

你可能以为这很臭。事实上，大象是**食草动物**，只吃植物，所以它们的粪便一点儿也不臭。

首先，必须用水将象粪冲洗干净，清除那些脏兮兮的虫子和细菌。

清洗桶

淡水和象粪纤维

然后，把清洗过的象粪放入沸腾的大锅里熬煮6小时，

再在阳光下晒干。

食用色素（上色）

搅拌机

然后将干燥的粪便放入搅拌机，它的工作原理与榨汁机类似！富含纤维的粪便全被切碎并搅拌混合成一种湿湿的糊状物，也就是我们说的**纸浆**。

再把这些纸浆挤压成苹果大小的球。每一个纸浆球都可以做成一大张纸！

纸浆球

网架

然后将纸浆球在网架上铺开并晾干。

干燥后，崭新的纸就可以从网架上揭下来了。

纸浆池

翻开第42页，找到自己制造再生纸的方法吧。

卖纸的收入将用于为大象种植更多其喜欢吃的植物，如香蕉——这样就形成了一种几乎没有任何浪费的大循环生产模式。

拯救我们的树木！

用木头造纸意味着要砍伐许许多多的树。**砍伐森林**不仅影响了生态平衡，还有可能导致**气候变化**。**可持续**使用的木浆确实可以用来做出光洁白净的纸张，但大多数时候我们只是用纸来做笔记、涂鸦或是制作工艺品。所以，我们并不总是需要完美的纸张。既然如此，为什么不更多地使用由粪便这样的废物制造的纸呢？

雷霆面包

你知道在结冰的湖边可以烤面包吗？ 我们的许多食品是在工厂中生产出来再运输到世界各地的，这要消耗大量的能源。但是，也有例外……

在冰岛的勒伊加湖小镇，人们用最奇特的方式烘焙面包至少已经有一百年了。传统的雷霆面包（也称温泉面包或黑麦面包）是一种在温泉中烘焙的独特的黑麦面包！

雷霆面包食谱

原料：

4 量杯黑麦面粉

2 量杯普通面粉

2 量杯糖

少许盐

4 茶匙发酵粉

1.2 升牛奶

做法：

1. 在金属罐里涂一层黄油。

2. 在搅拌碗中把所有原料混合在一起拌匀。

3. 将混合物倒入金属罐并盖上盖子。

4. 用厨房铝箔纸把金属罐密封起来。

5. 把金属罐埋在地面以下30厘米的沙子中，并用石头标记。

6. 在温泉中烘烤24小时。

7. 挖出罐子，用湖里的冷水冷却。

8. 把它从罐子里取出来，烤面包就做好了。

9. 将面包切成薄片，配上黄油片和熏鲱鱼片，趁热食用。

妈妈

如何用温泉烘焙面包？

面包师离开温暖舒适的家，冒着严寒去工作，手里拿着一把铁锹和一个装满面团的罐子。面包师艰难地走在结冰的湖岸上，直到她看到有热气从地面冒出来。她把耳朵贴近沙子，听着温泉轻柔的冒泡声。

面包师挖出一个30厘米深的坑，这个坑很快就会被渗进来的沸水充满。

温泉

烹饪罐

水蒸气

沙子

然后，她把装有面团的烹饪罐放入这个天然烤箱中，再盖上沙子。

这样焙烤24小时后，从温泉中取出烹饪罐，一个雷霆面包就新鲜出炉啦！

什么是温泉？

当渗入地下深处的水被温度高达上千摄氏度的岩浆加热时，就会形成温泉。水会被加热到沸腾并以100℃的高温回到地面。岩浆从地壳下层渗出，进入地球的其他圈层——这一层一层的看起来真像蛋糕呀！

地球的最外一层叫作**地壳**，是我们居住的地方。

地壳下面的这一层叫作**地幔**。地幔中含有岩浆——可以像熔融的塑料一样渗出的热熔岩。

当岩浆从地幔上升时，有时会在靠近地球表面的地方形成一个**岩浆室**。岩浆室加热地下水形成温泉。

地壳被分成了几个可以缓慢移动的岩石块，我们称之为**板块构造**。整个地壳犹如几块拼图拼在了一起！在板块交界处，你时常可以找到温泉和火山。

地幔下面是一层被称为**外核**的液体层。

地球的核心被称为**内核**。它是地球上最热的地方——超过5000℃！

冰岛位于**板块交界处**之上，因此它有很多温泉。我们把从地球内部获取的热量称为**地热能**，它属于可再生能源！

冰岛人给黑麦面包起了个绰号，叫雷霆面包，因为据说吃太多会让人不停地放屁！噗噗！跟打雷一样！

也有些人会告诉你这个绰号源自北欧神话中的雷神，因为在臭食节这一天，大家都会吃黑麦面包。臭食节原本是维京人纪念雷神托尔的节日，现在已经成了冰岛人的传统"美食"盛宴。

热点话题

几百年来，冰岛人使用地热能做饭、洗澡和给屋子供暖，但在几十年前，人们发明了将这种热能转化为电能的方法。人们用它给温室供电，这样就可以全年种植蔬菜和水果啦！这种**可再生能源**对地球的可持续发展具有重大意义。

植物的力量

你知道植物在海洋中航行的历史已经有上千年了吗？ 大约1700年前，古代波利尼西亚人就乘坐手工制作的独木舟开始了探索之旅。

他们会带上一种集合了多种植物（称为**独木舟植物**）种子或插条的"植物百宝箱"。当波利尼西亚人到达一个新的岛屿时，他们可以种植出继续航行所需要的一切东西！

如今，植物依然是一种非常重要的可利用资源。我们不仅把它们当作食物，而且把它们用于医药、建筑、包装等领域！

竹子

竹子既坚韧又轻巧，而且是地球上生长最快的植物。某些品种甚至可以在1天内长高1米。这一特点使得竹子成为一种可以被高效利用的建筑材料。

葫芦

把这种厚皮蔬菜晾干后掏空，就成了很好的盛食物和水的容器。你也可以把植物种子或者鹅卵石装进去，再稍加装饰，把它做成摇铃。

独木舟

独木舟植物

红球姜

这种植物的花序能渗出一种透明的黏液，可以用来洗头！

姜黄

姜黄亮橙色的地下茎被称为**根茎**，可用作烹调香料，也可作为天然染料给织物上色。

种子

插条

屋顶

墙

家，温馨的家

木头燃烧：
火

看看这间小屋。如果我告诉你它的每一部分都是用同一种植物制成的，你会相信吗？这种植物就是椰子！对于古代波利尼西亚人来说，椰子是一种非常重要的的植物，他们用它来制造独木舟。椰子的用途非常广，直到今天全世界的人们依然用它来制造很多东西！

看看你能在本页找到多少用椰子做的东西吧。

想象一下，如果我们使用**自然资源**制造更多的日常用品，世界上的塑料和污染就会少很多。

用树叶做的：
篮子

编织材料

席子

用叶柄和树枝做的：
扫帚

用椰子水做的：
椰纤果
（一种甜甜的果冻状物质）

用椰肉做的：
椰奶粉
椰子油
椰奶

洗发水

唇膏

漱口水

用树根做的：
牙刷

用椰子壳做的：
碗
杯子

取自椰树树干：
椰树树芯（一种蔬菜）

染料

用椰子汁做的：
糖

11

陶土杯

你知道世界各地都有人随意丢弃杯子吗？ 他们用塑料杯咕咚咕咚地喝着热饮，喝完后就随手把杯子扔进了垃圾桶，很少会回收再利用。但是，如果你在印度加尔各答的路边喝一杯马萨拉茶，这种甜而辣的饮料很可能会装在一个手工制作的一次性陶土杯子里。

当你啜饮着这种温和的牛奶饮料时，你可能会惊讶地看到，旁边喝茶的人把他们用过的空杯子扔在地上摔得粉碎。这可能显得很浪费，但从环保角度而言，这比用一次性塑料杯要好得多。

加尔各答的陶土杯

喝茶是印度人生活中非常重要的一部分，许多人每天会数次光顾当地路边的茶铺。由于喝茶多，这个国家需要大量的茶杯！加尔各答是为数不多的几个仍使用由当地陶匠制作的陶土杯的城市之一。

陶土杯是如何制作的？

加尔各答的陶器作坊往往采用家族经营模式。陶土来自胡格利河。

当河水水位较低时，人们把陶土从河床上挖出来，

然后装进船只或卡车运到城里。

马萨拉茶
（香料茶）

牛奶

红茶

糖
（或者糖精）

肉桂

姜

胡格利河

陶钧

在陶器制作过程中，砂质河泥被不停地揉搓踩踏，直到它变得光滑可塑。

晾晒杯子

将泥团摔掷在陶钧上，再拉制出杯子的模样。陶匠的工作效率非常高，每天能生产多达4000个陶土杯。

把湿坯子放在阳光下晒干。

变干后，将坯子置于窑中烧制，直到它们变硬，变成红粉色。

窑

每天早上，小巧的茶杯会被送到加尔各答街道上数千个茶摊，为忙碌的一天做好准备。每一个茶杯都会盛满马萨拉茶，用后被摔碎在地上，然后又慢慢地被冲回到它原来所在的河里。

制作一次性陶土杯是一项古老的传统，也是一项代代相传的技艺。并非所有地方都有娴熟的陶匠费力地制作一次性茶杯，那么我们可以用什么来代替呢？我们可以随身携带一个可重复使用的杯子或瓶子，而不是使用一次性的塑料杯！

请在第44页了解如何设计自己的环保杯。

为什么使用陶土杯对地球环境有好处？

陶土杯更环保，因为它们是用天然材料制成的，破碎后很容易转化成泥土的成分。然而，全世界都在使用一次性塑料杯。实际上，光英国每年就会扔掉约25亿个塑料杯。与陶土不同，塑料需要数百年才能分解，因此我们需要寻找塑料的替代品。

捕雾器

如何从沙漠中获得水？ 秘鲁利马附近的高山上经常笼罩着浓雾。尽管有寒冷的雾，利马周围却是一片沙漠，几乎从不下雨。对于生活在这里的人来说，如何获得清洁的水是一个大问题。好在秘鲁人已经找到了从空气中捕获宝贵水滴的方法。

这就是所谓的**捕雾**。

捕雾网

雾

水——珍贵的资源

口渴的时候，我们大多数人可以去厨房给自己倒一杯水。但对于生活在水资源极为短缺的地区的人们来说，这是并不容易实现的奢侈享受。

地球表面的大部分都被水覆盖，怎么还会出现缺水的情况呢？我们周围总能找到很多水吧？好吧，要知道咸海水与能用来饮用、烹饪、洗涤和种植东西的淡水是截然不同的。淡水资源不足是一个非常棘手的问题。

居住在利马郊区的大约200万人家里没有通自来水。降水稀缺、淡水不足，是他们面临的严重问题，他们必须竭尽全力去寻找创造性的解决办法。

什么是雾？

雾的形态和云相似，但它不是高高地挂在天上，而是靠近地面。当地表水被太阳加热后，一部分水蒸发了。这些水从液体变成一种叫作**水蒸气**的无形气体。随着水蒸气的上升，它会冷却并变回微小的水滴。这一过程叫作**冷凝**。

这些微小的水滴聚集在空气中的尘埃周围，形成我们能看见的云或雾。（云看似很稀薄，但如果你穿过去，一定会被弄湿的！）

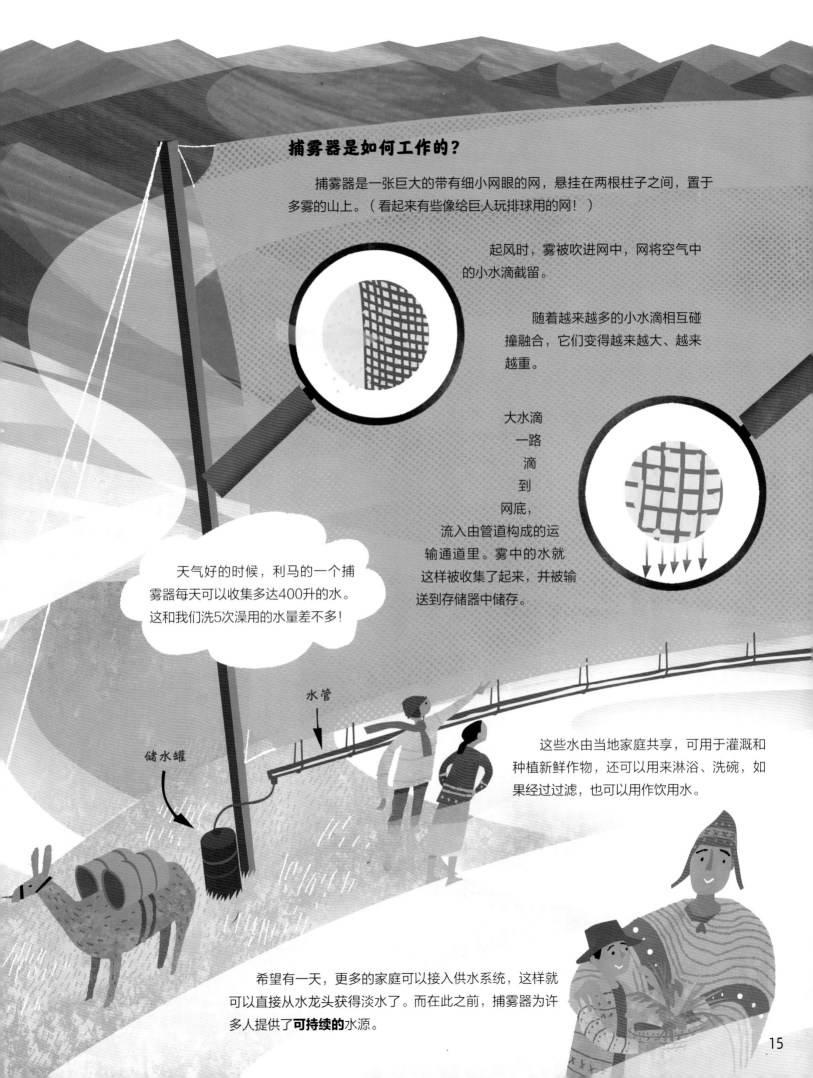

捕雾器是如何工作的?

捕雾器是一张巨大的带有细小网眼的网,悬挂在两根柱子之间,置于多雾的山上。(看起来有些像给巨人玩排球用的网!)

起风时,雾被吹进网中,网将空气中的小水滴截留。

随着越来越多的小水滴相互碰撞融合,它们变得越来越大、越来越重。

大水滴
一路
滴
到
网底,
流入由管道构成的运输通道里。雾中的水就这样被收集了起来,并被输送到存储器中储存。

天气好的时候,利马的一个捕雾器每天可以收集多达400升的水。这和我们洗5次澡用的水量差不多!

水管

储水罐

这些水由当地家庭共享,可用于灌溉和种植新鲜作物,还可以用来淋浴、洗碗,如果经过过滤,也可以用作饮用水。

希望有一天,更多的家庭可以接入供水系统,这样就可以直接从水龙头获得淡水了。而在此之前,捕雾器为许多人提供了**可持续的**水源。

奇妙的风车

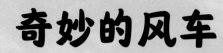

你想象中的风车是什么样的？

你可能会联想到一幅画面：四个木制的风帆在一座漂亮的建筑物上旋转，这应该是一个荷兰风车，这种风车已经成为荷兰的标志。然而，世界上最古老的风车却是在伊朗发现的。

风帆

风车

伊朗东北部的纳什蒂凡市以风大闻名，这里一年四季都有强风，有时风速可达每小时100千米！呼——

一堵高耸的城墙保护市民免受鞭子般狂风的侵袭，城墙里面有一些不可思议的发明——24台被称为阿斯巴德的立式风车，它们可以将谷物磨成面粉。

据估计，这些风车建于1000多年前。它们是用黏土、稻草、木材和石头等**天然材料**制成的。令人惊讶的是，即使过了这么久，其中的一些风车仍能运转！

多亏了纳什蒂凡的古代工程师，原本可能对城市构成威胁的风已经成为城市最有用和最宝贵的资产。

稻草

石头

木头

风车是如何工作的？

　　每台风车由六个风帆组成，风帆与直立的透风仓的中心杆（或轴）相连。这个中心杆连接着两个巨大的石盘，称为**磨盘**。

　　当风吹过透风仓时，空气推动风帆不停地转动……
　　风帆转动会使得中心杆和上磨盘同时转动。这样，巨大的磨盘就把谷物磨成面粉了。

纳什蒂凡风车为什么这么厉害？

　　风车保护城市免受阵风的侵袭，但更重要的是，它能利用风力研磨面粉，面粉可以用来制作面包，比如美味的伊朗桑嘎面包。

中心杆

风帆

透风仓

下磨盘

上磨盘

　　风能的好处在于它是**一种可再生能源**。风一直在吹，永远是地球气候的一部分，因此它将一直这样为我们提供能量。

　　纳什蒂凡的古人使用可再生能源，我们也需要这样做。
　　当下，我们仍在大量使用**不可再生能源**，比如**化石燃料**。我们燃烧化石燃料以便从中获取能量。这会产生**温室气体**，它们进入大气层，吸收热量，导致**全球变暖**，从而引发气候变化。一种替代方式是使用风力涡轮机——一种可发电的现代风车。

　　如果我们更多地利用风能、潮汐能和太阳能这样的可再生能源，我们就更有可能阻止全球变暖，减缓气候变化。

← 风力涡轮机

17

蜂巢围栏

怎样才能把一头饥饿的大象拒之门外？

在肯尼亚，非洲象自由自在地生活着。象群会长途跋涉寻找食物。但是，近年来，随着人类修建的公路、铁路、农场和其他建筑物越来越多，它们的生活空间越来越小了。

大象是**食草动物**，就是说它们只吃植物（很多很多的植物），所以如果它们撞见一个小型农场的话，它们便会尽情地享用里面美味的庄稼。这顿饭它们吃得倒是畅快，但对当地人来说却是个大麻烦。在过去，农民伯伯常常通过把大象吓跑的方式来保护他们的农田。然而，这让大象感到愤怒和困惑，对人类和大象来说都是危险的。

一个"嗡嗡嗡"的好主意

科学家和自然资源保护主义者与肯尼亚北部的当地人合作，以期用和平的方式解决大象带来的问题。他们在一只非洲小蜜蜂的嗡嗡声中找到了灵感！

多年来，当地部落一直认为大象害怕蜜蜂。为了验证这一想法，科学家们向象群播放蜜蜂的嗡嗡声，然后观察并等待……

当大象听到嗡嗡声时，它们甩着耳朵想要轰走如幻似真的蜜蜂，然后迅速逃离。它们还发出低沉的隆隆声来警告其他象群。蜜蜂的这种嗡嗡声后来被称为**蜂鸣**。

正是这个实验引发出做蜂巢围栏的好主意！

蜂巢

农场的周围放置了围栏，

简易的蜂箱挂在围栏的长绳上。

如果一头大象碰到绳子，那么所有的蜂巢就都开始晃动。这让蜜蜂感到不安，它们会嗡嗡地飞出蜂箱，保护它们的**蜂王**，赶走大象。

蜜蜂可能会打扰到大象或是蜇伤它们，但不会对大象造成任何长期伤害。大象会学着不要过于靠近农场，农民伯伯也能安心地守护他们的庄稼了。

蜂巢收益

蜂巢围栏促使当地农民身兼养蜂人的角色，这样他们同时也可以收获蜂蜜。

蜂蜜可以用于日常的烹饪或在市场上售卖。收割蜂蜜后余下的蜂蜡也可以用来制作蜡烛和唇膏。

家庭烹饪

蜂蜜

蜡烛

唇膏

蜂箱里面有什么？

蜂巢围栏中使用的蜂箱有两个腔室。一边是蜂王的家，蜂王在里面产卵。我们称之为**产卵室**。

另一边是**工蜂**储存蜂蜜的地方。工蜂采集**花蜜**，把它们带回蜂箱，再酿成蜂蜜，蜂蜜被安全地保存在**蜂巢**内。

花蜜

蜜蜂危机！

蜜蜂是优秀的**授粉**昆虫，有助于植物生长繁殖。但是，就像大象一样，蜜蜂也失去了许多自然栖息地。

请在第42页了解如何保护蜜蜂。

产卵室

蜂巢

蜂巢围栏保护着人类和大象的安全，同时为蜜蜂创造了一个快乐的家园，也为农民伯伯带来了美味的蜂蜜。

太空3D打印

空间站里有东西坏了应该怎么办? 此时你需要一件特殊的工具才能修理,可是最近的商店在至少400千米远的地球,而且你所在的地方还在太空中疾驰……

当然,你可以通过3D打印来制造一件工具!

不久前,宇航员兼指挥官巴里·布奇·威尔莫尔身处**国际空间站**(ISS),需要一把新的棘轮扳手,他不想花几个月甚至好几年的时间等着宇宙飞船带着补给的工具过来。因此,美国宇航局和工程师们很快设计了一种可打印的扳手。

布奇只需将打印指令的数字文件传给太空中的第一台3D打印机,就能在几个小时内打印出自己想要的工具。

什么是3D打印?

它是如何工作的?

3D打印是一种能够让我们打印出真实物体的技术。

首先,要在计算机上设计一个**数字模型**。这个模型就像一组指令,告诉3D打印机如何使用一种被称为**ABS**的特殊塑料精确打印和制作设计好的东西。

在那里它被加热并熔化成一种可塑的半流体形态。

一卷**塑料长丝**被送入机器,

打印设备

3D打印机

然后,一个名为**挤出机**的东西将这种可塑的黏性物质从喷嘴中挤出,并从下往上一层一层地打印出成品。

塑料丝

棘轮扳手

挤出机

20

为什么我们需要在太空中进行3D打印？

在国际空间站上生活和工作的宇航员需要很多东西才能满足睡觉、锻炼和进行科学实验的需要。

国际空间站离地球比较近，可以运送补给，但在未来，宇航员希望能去太空中更远的地方探索。

然后呢？

载人火星任务可能需要数年时间，而且不可能携带足够的补给来维持整个探险过程。这就是3D打印大显神通的时刻。宇航员能够打印宇宙飞船的备件，更新他们的工具，甚至可以打印出干净的衣服！

3D打印远景

3D打印可以帮助我们建立月球基地。科学家们正在探索用月球尘埃打印大型建筑构件，并以此来建造月球基地的圆顶、道路和着陆坪的方法。但3D打印不仅仅适用于宇航员。很快，我们可能会在自己家里看到3D打印机，这样我们就可以快速更换缺失的零件并修复东西了。这比每次东西坏了就再买一个新的要省很多钱！

太空垃圾回收

太空中的3D打印技术带来了新的问题——所有的旧设备和零件将去向何方？我们可没有每周火箭回收服务来收集垃圾。

国际空间站的宇航员正在测试一种潜在的解决方案，一种被称为"重塑机"的新型打印机。除了可以打印新部件，它还可以将废弃塑料和废旧3D打印物品回收成塑料原料，用来制造新的工具和零件！

— 重塑机

生态砖

如何用废弃物建造一所学校？ 在危地马拉偏远且云雾缭绕的森林中，当地的农民、儿童和志愿者聚集在一起。四周充满了宜人的自然气息，他们正在努力为村庄建造一所新学校，但他们没有砌墙用的砖块、木头，甚至稻草，只有装满废弃物的塑料瓶！

要知道，从深山的村庄里回收垃圾是非常困难的。塑料垃圾会越堆越多，破坏美丽的环境。但塑料制品也可以作为一种便于使用的材料——它坚固、防水，而且耐用。所以，这群人决定利用村里的塑料垃圾制造生态砖！

什么是生态砖？

生态砖是用装满**不可回收废物**的旧塑料瓶制成的建筑砖块。瓶子里面可能装了一些**一次性塑料袋**、吸管、零食包装袋、糖纸和保鲜膜等。

首先，清洗塑料瓶并将其晾干。

然后，用一根长棍将尽可能多的塑料废弃物戳入瓶中。

什么尺寸的塑料瓶都可以用，但最好是用当地常用且容易找到的瓶子。用同样大小的瓶子做的生态砖更便于建造。

一次性塑料

塑料瓶

制造生态砖的方法非常简单，这也是当地社区将塑料废物转化为坚固且实惠的建筑材料的一种尝试，而且可以防止造成**污染**。不断变大的垃圾堆没有了，取而代之的是一所崭新的学校！

生态砖工程

在世界各地，人们使用生态砖建造了许多不可思议的建筑。

在危地马拉，学校是这样修建的：先将生态砖绑在铁丝网上用来建墙，再用水泥封住墙面以增加强度，再盖上用瓦楞铁制成的屋顶，用木框架做建筑的整体支撑。

在南非，将生态砖堆叠在一起，再用黏土和沙子固定，就可以用作高架花盆、棚屋和室外座位区。

在英国，一所学校回收了两吨一次性塑料，将其压制成了3000块生态砖，用这些生态砖建造了一间露天教室。

在英国还有另外一些机构也用生态砖建造很多东西，比如野生动物池塘、海滩小屋，甚至还有一条看起来像蛇的波浪长凳！

使用生态砖是一个很好的思路，可以把会对环境产生不良影响的塑料废弃物转化成为有用的东西。

在我们扔掉的塑料制品中有一小部分可能会被回收利用，但不幸的是，其中的大部分最终会被焚烧、扔进**垃圾填埋场**或被扔进大海。

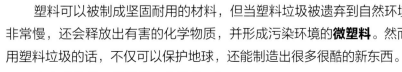

塑料可以被制成坚固耐用的材料，但当塑料垃圾被遗弃到自然环境中后，其分解速度非常慢，还会释放出有害的化学物质，并形成污染环境的**微塑料**。然而，如果我们回收利用塑料垃圾的话，不仅可以保护地球，还能制造出很多很酷的新东西。

去本书的第45页寻找一些灵感吧！

T恤潮

如果我们能用T恤制作T恤会怎么样？ 人们每年生产数十亿件衣服，但其中差不多40%的衣服从未被穿过！这意味着每一秒钟就有满满一翻斗车的优质衣服被烧掉或被埋在**垃圾填埋场**的地洞里。

衣服可以在垃圾填埋场存放200多年。当它们慢慢分解时，会产生甲烷。这种**温室气体**将热量困在地球大气层中，导致**全球变暖**。我们可以通过减少自己购买衣服的数量、购买二手衣服以及回收旧衣服来减缓这种情况的发生！

看看第43页还有什么有趣的主意。

垃圾填埋场

T恤永存！

如果我们只生产真正必要的衣服，并找到把旧衣服变成新衣服的办法，那不是很棒吗？一家服装公司正试图解决这个问题，他们的故事要从印度说起。

棉花

生产

印度北部的一个有机棉花农场，使用雨水灌溉，以牛粪作为肥料，棉花长得又大又壮。

牛粪

棉花由独家生产商采摘、清洗、纺成纱、编织、剪裁和缝制成T恤，这能杜绝原料在不同的地方之间进行不必要的运输。这家工厂还使用**可再生能源**供电。

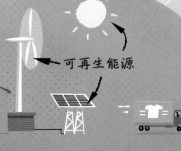

可再生能源

缝制好的T恤随后被运往英国怀特岛，准备进行图案印刷。

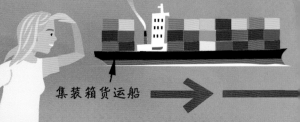

集装箱货运船

24

订购

应用**智能技术**，客户在线下订单后，这家英国工厂才会印制T恤上的图案。

工厂的工人从仓库里找到对应尺寸和颜色的T恤。

每件T恤都有一个**条形码标签**，上面有客户订单的所有信息。条形码告诉印花机应该印制什么样的图案。

这台**数码印花机**由可再生能源驱动。它巧妙地根据设计图使用适量的墨水，没有一点儿浪费。

将印花T恤放在一个扁平的熨烫机上，以加固和封印墨水。

这件T恤没有使用会污染我们星球数百年的塑料袋进行包装，而是装在用**再生纸**制成的信封里，这种包装既可用来堆肥，也能重新回收利用。

通过质检后，T恤就会被迅速送至包装部门。

最后，这件T恤被送到它的新主人那里，新主人可以一次又一次地穿它，直到穿破或者穿不下为止。

接下来它会迎来怎样的命运？

工厂生产的每一件T恤都经过精心设计，所以废旧的T恤可以邮寄回去，被粉碎、回收，再一遍一遍地重新制作成新的产品。

这是一个巨大的**可持续循环体系**！

这就是所谓的**循环经济**。

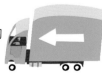

海藻包装

你能用海藻做什么？ 在美国加利福尼亚州海岸的海浪之下，有一个沐浴在水蓝色光线中的水下花园。光滑的海藻组成的"摩天大楼"随水流摇曳，贝壳附着在绿色的"塔楼"上，鱼在它们的影子之间游弋，好奇的海獭在寻找海胆当零食！

这是一个巨大的**海藻农场**，生产地球上最**可持续**的食物之一 —— 海藻。但养殖海藻并不仅仅是为了做寿司卷之类的食物。科学家们已经找到了把它变成其他东西的方法。用于**包装！**

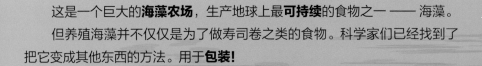

斑海豹

海獭

什么是海带？

海带是**褐藻**的一种，但我们通常称之为海藻。藻类是世界各地都有的生物，尽管它们看起来像水生植物，但它们既不是植物也不是动物。

然而，就像植物一样，它们确实利用水、阳光和二氧化碳来给自己提供能量。这个过程叫作**光合作用**。

大螯虾

可持续的海藻

在一个废塑料遍地、**污染**问题日益严重的世界里，利用海藻是一个明智的、可持续的解决方案。

塑料需要很长时间才能降解（在某些情况下需要几百年），还会污染海洋，在**垃圾填埋场**堆积如山。但海藻包装是**可生物降解**的，可以在4—6周内被细菌、虫子和其他生物分解。

不仅如此，如果它是可食用的，就根本不需要被扔进垃圾桶。它可以作为膳食的一部分，分解的事就交给你的消化系统来做了！

海藻包装是如何制作的？

海带被收割并用船运到岸上。

然后被洗涤、烘干并研磨成细粉。

接下来，将粉末与水和其他一些特殊成分混合，制成海藻泥。

将海藻泥加热煮沸，变成黏稠的凝胶。

一旦凝胶冷却，就可以做成看起来和摸上去都像塑料的东西。

海藻"塑料"可用于制作软饮袋、酱汁袋、手提袋、食品包装材料、杯子、吸管和其他许多东西。

一些科学家甚至在材料中添加了不同的味道，因为一些海藻包装可以食用！

二氧化碳　　　　氧气　　　　二氧化碳

氧气　　　　　　　　　　　氧气

藻类盟友！

种植海藻也有助于保护环境。二氧化碳是一种**温室气体**，它使全球平均气温上升，导致**气候变化**。值得庆幸的是，海洋和藻类是我们的盟友！

藻类有很微小的，也有像海带一样巨大的。但无论大小，它们都会吸收二氧化碳，通过光合作用产生氧气。

这一过程有助于应对气候变化，因为它能吸收大气中的大量二氧化碳。同时，海藻也是一种健康食材，还可作为环保材料供人们使用。

海藻养殖户

发现更多的海藻用途对农民来说是个好消息。海藻生长在世界各地的海岸线上，它不需要施肥或浇水，而且生长得非常快。巨藻一天就可以生长约60厘米。

这意味着我们很快就能获得大量海藻！

万里鞋

乞力马扎罗山

你知道轮胎可以做成鞋子吗？ 在坦桑尼亚乞力马扎罗山山麓，一群马赛牧民吆喝着，赶着羊群去灌木丛吃草。他们在大草原上行走，留在身后的却是像摩托车驶过留下的印记。怎么会这样？

原来他们的凉鞋是用旧摩托车轮胎做成的。

马赛牧民

轮胎主要用天然橡胶、**人造材料**、织物和金属丝制成。它们结实、有韧性，而且能用很长时间。车胎被扎了个大洞后可能无法再修复，但废旧胎身仍然可以用来制作结实的鞋子。

如何制作轮胎凉鞋？

在整个东非，用回收轮胎做成的凉鞋被称为"行万里"，因为据说穿上这种鞋后，即使在崎岖多石的地面上行走上万公里鞋也不会坏。熟练的鞋匠可以在大约20分钟内打造出一双"量身定做"的新鞋。

首先，根据脚的长度切下一块轮胎。

轮胎

然后，切割出鞋底的形状。

接下来，鞋匠从内胎上切下一些条带，用来做鞋体。

再把条带固定到鞋底对应位置。

锤子

鞋钉

条带

鞋匠修整鞋钉并割下侧边多余的部分，确保没有尖锐的突起。

现在，穿上这双凉鞋就可以行万里路了！

橡胶树

回收橡胶轮胎

你知道我们每年要报废10亿条轮胎吗？这个数字比美国的人口数还多！橡胶轮胎又大又坚固，所以它们在**垃圾填埋场**里要经过很长时间才能被分解。它们可以燃烧提供能量，但有些材料会释放有害化学物质，必须谨慎处理。

制作凉鞋是当地企业利用废弃轮胎的一种智慧又便捷的生产方式。轮胎也可以被回收并做成其他东西。一些大工厂正在把废旧轮胎粉碎成**橡胶屑**，这些橡胶屑可以用来制作操场地板、运动场跑道，甚至是人行道！

橡胶树

制造轮胎的材料之一是来自橡胶树的**天然橡胶**。
天然橡胶最初是一种被称为乳胶的白色黏性液体，乳胶可以从橡胶树中采集。

在**割胶**的过程中，人们小心翼翼地割掉一块树皮。

树皮

乳胶渗出，被收集在杯子里。

当乳胶与空气接触时，它会变成一种固态的、松软的材料。这种材料被直接送到工厂，制成各种各样的东西，比如沐浴玩具、气球、雨靴和轮胎！

乳胶

大量天然橡胶被用于制造新轮胎。每年都有这么多旧轮胎被丢弃，回收和再利用这些宝贵的**资源**非常重要。

超级沙拉

大多数植物需要土壤才能生长，对吗？ 好吧，如果我告诉你，你可以在水里种植你最喜欢的沙拉要用的蔬菜，而且只需要一点儿鱼尿滋养就可以了，你信吗？

在英国的布莱顿市，一座雾气弥漫的温室里堆满了蔬菜和新鲜水果，它们多得从桶、篮子和竹筒中滚落出来。你能听到潺潺的流水声，当你走近看时，你会发现这些植物并不是生长在土壤里，它们的根在水缸里摆来摆去。而且，水里还养着大量的鱼！

和世界上其他常见的温室大棚不一样，这个温室大棚是使用**鱼菜共生**的生态水培技术来种植植物的。

什么是鱼菜共生？它是如何运作的？

鱼菜共生指的是鱼类、植物和细菌共同生活和运作的**生态系统**。这些植物由鱼的排泄物提供营养，植物和细菌则帮助鱼净化水质。

一种名叫罗非鱼的鱼

在野外，有一种罗非鱼生活在河流、湖泊和小溪中。它们喜欢吃藻类和水生植物。

它们也是**蛋白质**的优质来源，是一种健康的食材。这使罗非鱼成为养殖鱼类的热门选择。

罗非鱼

水泵

鱼菜共生养殖户用鱼食颗粒以及剩菜叶来喂养罗非鱼，鲜有浪费。

鱼消化完食物后会大小便！

一种名叫**氨**的化学物质通过它们的尿液和鳃被释放出来。过量的氨对鱼有害，所以必须定期净化水。

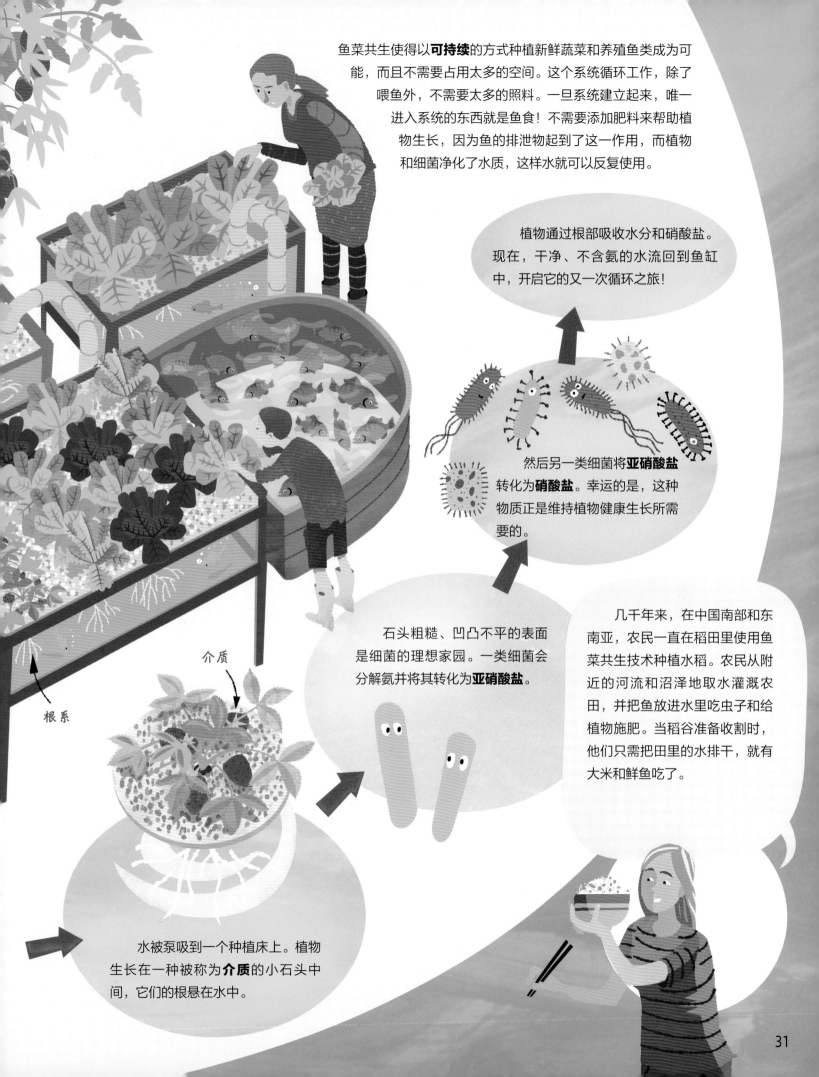

鱼菜共生使得以**可持续**的方式种植新鲜蔬菜和养殖鱼类成为可能，而且不需要占用太多的空间。这个系统循环工作，除了喂鱼外，不需要太多的照料。一旦系统建立起来，唯一进入系统的东西就是鱼食！不需要添加肥料来帮助植物生长，因为鱼的排泄物起到了这一作用，而植物和细菌净化了水质，这样水就可以反复使用。

植物通过根部吸收水分和硝酸盐。现在，干净、不含氨的水流回到鱼缸中，开启它的又一次循环之旅！

然后另一类细菌将**亚硝酸盐**转化为**硝酸盐**。幸运的是，这种物质正是维持植物健康生长所需要的。

石头粗糙、凹凸不平的表面是细菌的理想家园。一类细菌会分解氨并将其转化为**亚硝酸盐**。

几千年来，在中国南部和东南亚，农民一直在稻田里使用鱼菜共生技术种植水稻。农民从附近的河流和沼泽地取水灌溉农田，并把鱼放进水里吃虫子和给植物施肥。当稻谷准备收割时，他们只需把田里的水排干，就有大米和鲜鱼吃了。

介质

根系

水被泵吸到一个种植床上。植物生长在一种被称为**介质**的小石头中间，它们的根悬在水中。

虫茶堆肥

需要多少条虫子才能吃掉你的剩饭？

多年来，人们一直使用**堆肥**来种植绿色植物、水果和蔬菜。有一种生物会给予我们援助之手，尽管它自己没有手，那就是——**蚯蚓！**

保湿垫

蚯蚓

虫床

缸顶

在野外，蚯蚓本能地分解土壤，因此可以在可控空间（如**虫箱**）中使用蚯蚓分解**有机**废物并制作堆肥。这个过程被称为**蚯蚓堆肥**。

滴漏孔

为什么需要虫箱？

当蚯蚓吃掉你丢弃的厨房垃圾时，它们会将其转化为营养丰富的堆肥和蚯蚓粪便的混合物，这正是生长中的植物喜欢的。

最妙的是，你可以用蚯蚓堆肥来种植新的蔬菜，当你吃完这些蔬菜后，再把残羹剩饭投喂给蚯蚓，这样就又一次实现了循环利用。

这构成了一个流动的循环系统，所有的废物都被回收并转化为有用的东西。

缸底

底部的缸体收集从上面滴下的液体，通常有一个水龙头用来排出滴液。这种液体来自那些被分解的物质，有时也被称为**虫茶**！好恶心！

食物残渣

带孔盖，可以防止小虫
进来又有利于蚯蚓呼吸

蚯蚓是令人印象深刻的进食机器！一斤堆肥蚯蚓一天能吃掉一斤绿色腐食。这差不多相当于一个8岁的孩子在24小时内吃掉一麻袋土豆！

虫箱里的肥料如何堆成？

全世界大约有3000种蚯蚓，能用于堆肥的被称为**堆肥蚯蚓**。红蚯蚓是一种出色的堆肥蚯蚓，因为它喜欢各种腐烂蔬菜与虫箱的舒适环境！

在虫箱中，蚯蚓以食物残渣为食，把它们转化成蚯蚓粪便。看不见的**微生物**，如真菌和细菌，也有助于将废料分解成更小的碎片。我们把这个过程称为**分解**。

蚯蚓的历史

6600多万年前，当霸王龙在陆地上漫步，翼龙在天空中翱翔时，蚯蚓就已经存在了，它们在土壤中蠕动，分解着树叶、枯木和恐龙粪便！

古埃及最后一位法老克利奥帕特拉（公元前69—前30）认识到了蚯蚓的重要性。她把蚯蚓视为掌上明珠，甚至把从埃及向外走私蚯蚓定为可判处死刑的罪行！

查尔斯·达尔文（1809—1882）也对蚯蚓着迷。在他的一本书中，他提到：毋庸置疑，其他许多动物很少能像蚯蚓一样在世界历史上扮演如此重要的角色。

虫茶，植物的
好肥料！

堆肥特别棒，因为它减少了我们送往**垃圾填埋场**的食物垃圾量。当我们的残羹剩饭堆在垃圾填埋场时，会产生甲烷等**温室气体**，从而导致**全球变暖**。如果蚯蚓能在家里把它们分解成堆肥，这些有害气体就会减少很多。这也是一种获得植物生长所需肥料的好方式，它既免费又可持续。

悬浮垃圾桶

你有没有注意到漂浮在海里的垃圾？

如果你漫步在澳大利亚的悉尼港码头，从码头的边缘往外看，你可能会看到一个亮黄色的垃圾桶在船只之间上下浮动。这是一个**悬浮垃圾桶**，就像陆地上的垃圾桶一样，它能收集漂浮在水面的垃圾。

悬浮垃圾桶是两位澳大利亚冲浪者安德鲁·特顿和皮特·塞格林斯基的发明。他们从小在大海里游泳、航海和冲浪，受不了海里的大量塑料垃圾，他们行动起来，发明了这种悬浮垃圾桶，并把它命名为**海洋垃圾桶**，他们以清理海洋作为自己的使命。

它是如何工作的？

悬浮的垃圾桶可以随着潮汐上下移动。水泵吸入水和垃圾。然后将水排出，把垃圾留在袋子里。

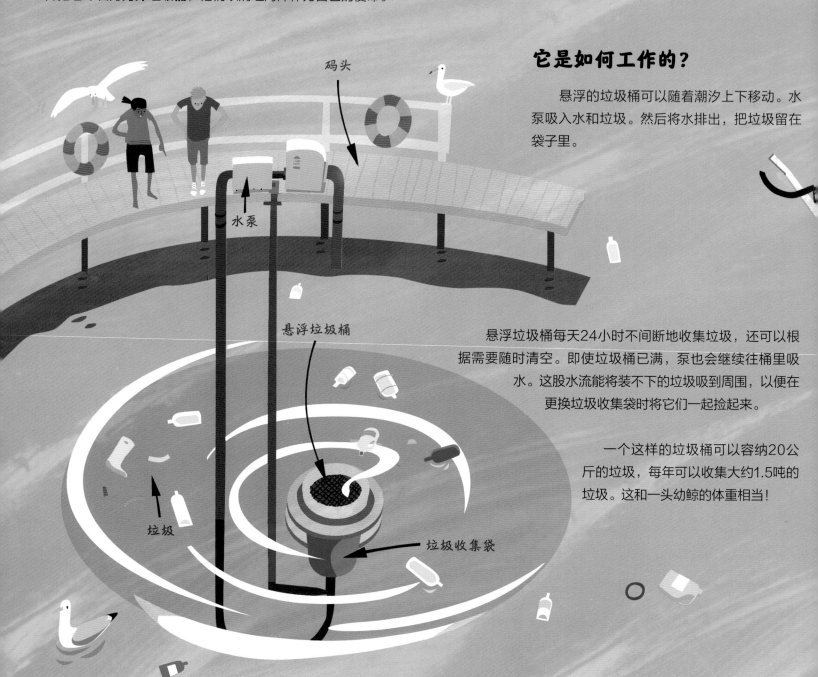

码头

水泵

悬浮垃圾桶

垃圾

垃圾收集袋

悬浮垃圾桶每天24小时不间断地收集垃圾，还可以根据需要随时清空。即使垃圾桶已满，泵也会继续往桶里吸水。这股水流能将装不下的垃圾吸到周围，以便在更换垃圾收集袋时将它们一起捡起来。

一个这样的垃圾桶可以容纳20公斤的垃圾，每年可以收集大约1.5吨的垃圾。这和一头幼鲸的体重相当！

悬浮垃圾桶可以帮助清理世界各地的码头、船坞和港口，但它们还不能在开放水域使用。遗憾的是，许多塑料垃圾最终会进入开放水域。

海洋中的塑料

你能相信每年有超过800万吨的塑料垃圾进入海洋吗？如此大量的垃圾给海洋生物造成了巨大的麻烦。动物有时会被它们缠住，或误食它们而死。海洋中的大多数塑料会分解成为**微塑料**——直径小于5毫米的微小塑料颗粒。

微塑料

海洋中的塑料会经历什么？

塑料被冲入海洋时，会被**洋流**捕获。盘旋的**洋流**被称为环流，它们把垃圾聚集到一起，直到形成大片垃圾海域。**泛太平洋垃圾带**的面积是法国的三倍。

海锚

海洋清理

一位名叫博扬·斯拉特的荷兰年轻发明家和他的公司设计了一个巧妙的系统——**海洋清理系统**。这种U形浮动屏障位于水面上，下面悬挂着一条"裙子"。"裙子"可防止垃圾外泄。它随风和洋流移动，捕捉陷入环流的塑料垃圾。

他们还推出了一种名为**拦截器**的机器，这种机器使用屏障和移动传送带来收集河流中漂浮的垃圾，在垃圾到达海洋前拦住它们。

塑料

U形屏障

"裙子"

我们能做什么？

悬浮垃圾桶和其他垃圾收集发明在减轻海洋塑料**污染**方面做得非常出色，如果将来它们能够功成身退，那将是一件多么美妙的事啊！要实现这一目标，我们能做的最好的事就是**减少使用一次性塑料用品**。

如果你想像悬浮垃圾桶那样，帮助清理我们的海洋，那为什么不在你家的附近捡捡垃圾呢？

无肉汉堡包

你有没有吃过一种看起来、尝起来都像带肉的汉堡包，但它却是用植物做的？ 当然，以植物为基础的汉堡包并不稀罕——素食汉堡包已经存在很长时间了，但最近食品科学家已经找到了让植物模仿肉的外观、味道、质地、气味甚至声音的方法！

无肉汉堡包的好处在于，它可以让那些素食者享用，也可以鼓励肉食爱好者尝试素食。

无肉汉堡包中有什么？

首先，无肉汉堡包需要含有**蛋白质**。蛋白质可以帮助我们的身体进行自我修复。牛肉、猪肉、鸡蛋和鱼等动物产品的蛋白质含量很高，同样，豌豆、糙米和大豆等许多植物的蛋白质含量也很高。这些植物蛋白赋予汉堡包柔软、耐嚼的口感，类似于吃肉的感觉。

豌豆　　　　糙米　　　　大豆　　〕蛋白质

然后，无肉汉堡包还需要含有**脂肪**。脂肪和油有助于我们的身体储存能量，并为我们保暖。植物脂肪使汉堡包外焦里嫩，在烤架上滋滋作响！

脂肪

椰子油　　　葵花籽油　　　可可脂

接下来是**碳水化合物**，它能给我们提供能量。人们可以从面包、土豆和意大利面等食物中获取。在无肉汉堡包中，使用土豆有助于将其他成分结合在一起，做成肉饼状。

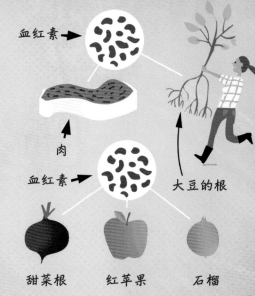

在动物体内，**血红素**是**血红蛋白**的重要组成部分，存在于血液中，帮助血液携带氧气在全身循环。血红素中含有大量的铁，这使肉呈现粉红色并有轻微的金属味。

血红素也可以在植物蛋白质中找到。食品科学家发现了一种从大豆根部提取血红素的方法，并将其添加到汉堡包中，以获得至关重要的粉红色和肉味。

但血红素并不是增加颜色和味道的唯一方法。一些无肉汉堡包还混合了甜菜根、红苹果和石榴等植物。

无肉汉堡包对地球有何益处？

大多数肉汉堡包是由牛肉制成的，但是吃牛肉对环境有很大的影响。接下来，让我们看看这是为什么。

打嗝和放屁——地球上大约有15亿头牛，每一头牛都需要打嗝和放屁！在牛消化食物的过程中，会产生一种叫作甲烷的有害**温室气体**。随着牛打嗝或放屁，甲烷最终被排放到大气中。

土地——饲养牛占用了大量空间。据说地球上26%的土地被用来放牧牲畜。事实上，为了给养牛场让路，亚马孙雨林中80%的树木都被砍伐了。

水——生产牛肉需要大量的水，包括牛的饮用水，种植牛吃的草料所需的水，以及清洁和经营农场所需的水。

并不是所有人都能够或愿意完全把饮食中的肉类去掉，但减少我们的食肉量，真的就是为保护地球尽了一份力！

生产1千克牛肉需要消耗的水量，竟然比生产同样重量的小麦多10倍！

问题是，这一切是一种非常低效的食品生产方式。我们种植植物，动物吃植物，然后我们吃动物。我们可以直接吃这些植物，节省大量用于喂养和照顾动物的资源！这将减少温室气体排放，并减少有限资源的消耗。

磁悬浮列车

火车可以悬浮吗？ 你得去亚洲看看！想象一下你刚刚到达中国上海——你想从机场到市中心的龙阳路，开启你对这座城市的探索之旅。你可以走30千米，但那需要6小时；坐出租车需要半小时；而你乘坐磁悬浮列车，只要不到8分钟！

列车一启动，就像变魔术一般，悬浮在轨道上方，以每小时400千米以上的速度向前飞驰，这也让磁悬浮列车成为世界上最快的客运列车。

这不是魔法，而是磁铁！

这是一列**磁悬浮列车**，它的运作要归功于**磁悬浮技术**，这项技术利用磁铁及其无形的力量让列车脱离轨道。

磁铁吸引和排斥其他磁铁和一些金属物。你是否试过将两块磁铁紧紧地挨在一起，感受它们怎样互相吸引和排斥？

磁铁的两端被称为**N极**和**S极**，每一端都被一个看不见的区域包围，那就是**磁场**。

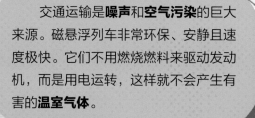

交通运输是**噪声**和**空气污染**的巨大来源。磁悬浮列车非常环保、安静且速度极快。它们不用燃烧燃料来驱动发动机，而是用电运转，这样就不会产生有害的**温室气体**。

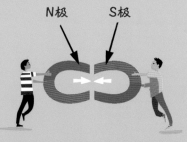

当两块磁铁的不同磁极彼此靠近时，会相互吸引。

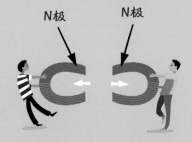

当两块磁铁的相同磁极彼此靠近时，会相互排斥。

电磁铁的行为方式与此类似，但只有当电流通过线圈时，电磁铁才具有磁性。打开电源，它就有了磁性。关掉电源，它就失去了磁性！

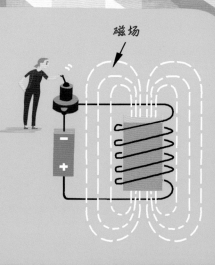

列车

N S N

N S N S N S

导轨

磁悬浮列车是如何工作的？

磁悬浮列车的轨道称为**导轨**，导轨内有电磁铁。当电磁铁通电时，它会排斥列车底盘上的磁铁。

列车的重量将它拉向地面，但当磁力足够强时，排斥力可将列车推升到导轨上方10厘米高处。

一旦列车被推升，电力将供应给导轨壁上的其他电磁铁。这就产生了一个磁场系统，沿导轨推拉列车前行。

比射箭还快

与在轨道上运行的轮轨列车不同，磁悬浮列车悬浮在一个看不见的磁垫上。这样可以避免金属导轨与车轮间的摩擦，也没有湿滑的树叶挡道，因此，磁悬浮列车可以超高速行驶！

上海磁悬浮列车的行驶速度大约是一只猎豹奔跑速度的4倍。

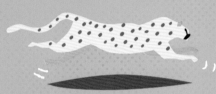

2015年，日本创造了磁悬浮列车的最高速度记录，达到每小时603千米。这差不多是箭速的两倍！

导轨通常高于地面，对自然环境的破坏性较小。由于列车在轨道上方悬浮，而不是像普通列车一样车轮与轨道摩擦发出刺耳的声音，因此产生的噪声污染也更少！

神奇墨水

如何把污染物变成墨水？

不久前，在印度新德里的一个路边小摊上，一位名叫阿皮特·杜帕尔的工科学生点了他最喜欢的甘蔗汁饮料。要做这个饮料，卖家需要使用柴油发电机驱动的机器把甘蔗榨成汁。

学生注意到发电机的排气管把烟尘吹到了后面的墙上，把它染成了黑色。

这一团漆黑让他想到了一个主意。是否可以有意识地用烟尘来粉刷东西？是不是可以把它做成**墨水**呢？

因此，阿皮特和他的朋友们发明了一种特殊的**过滤机**，这种机器可以捕捉烟尘。

过滤器连接在发电机的排气管上，在烟尘微粒逸出到空气中之前，将其捕获在一种特殊的液体中。

然后将这种肮脏的液体收集、清洁并转化为墨水。这种墨水不仅能用于钢笔，也可用于大型打印机。

甘蔗汁

烟尘

柴油发电机

为什么烟尘对环境有害？

污染是指我们的环境受到陆地、海洋或空中废弃物的影响。大多数空气污染来自化石燃料的燃烧，这个过程会向空气中释放二氧化碳等**温室气体**。有时也会产生烟尘。

烟尘黏糊糊的，会附着在汽车、烟囱和墙壁上。也会被吹到空中，形成像烟雾一样的雾霾。

在新德里这样的大城市里，可能会有大量的雾霾，吸入这些雾霾对健康不利。

这就是印度的工程师、科学家和设计师都在想方设法净化空气的原因！

汽车油墨

印度班加罗尔的一个工程师团队开发出了一种类似过滤器的装置，它可以连接在汽车排气管的末端来收集烟尘。当装置被充满后，可以取出里面的烟尘，洗净后将其转化为墨水和颜料。

当这个装置连接到行驶中的汽车上45分钟后，它收集的烟尘足以制造30毫升的墨水，可以填装大约111支圆珠笔！

这种墨水用于包装和衣服的喷印，也用于填充世界各地艺术家都在使用的毡头笔。

烟尘瓷砖

一位来自印度孟买的设计师甚至用烟尘来制作建筑材料。当地的技术工人将烟尘、水泥、大理石碎片和水混合。他们把混合物倒进模具里，放进高温的烤箱里烘烤，直到它变硬，变成漂亮的瓷砖。

你能发明什么？

减少空气污染的最好办法首先是停止燃烧化石燃料。但当世界慢慢转向发展**可再生能源**时，清理我们产生的废物并将其升级改造成可用的物品是一个明智的想法！用烟尘做墨水只是其中的一种方法。你还能想到什么利用污染物的好点子吗？

创意制作

啊！多么美妙的旅行——我们环游了世界，甚至还进入了太空！在旅途中，我们发现了一些非凡的故事，它们向我们展示了人类的创造力。所有这些都是我们日常生活的一部分，当以**可持续**的方式应用这些创意时，它们真的可以帮助我们的星球。

我喜欢寻找和阅读有关物品是怎么制作出来的故事，但有时自己制作东西也很有趣！这里有十个超级创意，让你可以用回收的和容易获取的材料制作物品。每个创意的灵感都来自本书中的一个故事。或许，你也可以把这些创意作为指南，再加以调整，提出你自己的设计方案！说不定你会发明出什么令人惊叹的物品呢！

快乐地捣鼓起来吧！

造一个"大黄蜂之家"

灵感来自蜂巢围栏

需要准备的东西： 带排水孔的陶土花盆、苔藓、干草和石头。

1. 找一个底部有排水孔的陶土花盆。在盆底放一片苔藓。这样有助于保持盆内干燥。
2. 接下来，把一些干草松散地放进盆里。用量要适度，这样当你把盆扣过来的时候，苔藓正好会下沉一点儿，为大黄蜂爬进去腾出空间。
3. 选一个温暖又有遮蔽的地方，例如树篱脚下或无人打扰的露台角落。
4. 把盆倒扣过来，并把它固定好。你可以把它压入土里几厘米，或者用苔藓和石头把它围起来固定住。
5. 秋天和初冬，大黄蜂女王会寻找温暖干燥的洞穴栖息。你的"大黄蜂之家"可能就是个完美的地方！记住，一定要从远处观察它们，不要靠得太近。

自己动手制造再生纸

灵感来自象粪纸

需要准备的东西： 废纸、碗、水、抹布和擀面杖。

1. 找些废纸，把它撕成小碎片。
2. 用碗将纸片和水混合。不停地挤搓纸片，直到它们变成糊状。
3. 把糊状混合物揉成纸浆团。
4. 把纸浆团放在一个平台上，然后用一条抹布盖在上面。
5. 用擀面杖压平纸浆，挤出多余的水分。
6. 晾干纸浆——嗒嗒——你就造出自己的纸了！

制作堆肥箱

灵感来自虫茶堆肥

你需要的东西： 旧塑料瓶、剪刀、大头针、托盘、棕色垃圾*和绿色垃圾*，喷壶和厨房纸巾。

1. 找一个旧塑料瓶，把它洗干净，把标签撕掉。

2. 请大人帮你把瓶子的顶部剪掉，然后用大头针在瓶子底部戳几个洞用来排水。

3. 把瓶子放置在塑料托盘上，然后铺一层棕色垃圾，例如碎纸、撕碎的纸浆、鸡蛋托盘或干枯的落叶。给棕色垃圾层喷水，直到它变潮湿，但不要让它湿透！

4. 现在添加一层绿色垃圾，例如蔬菜、食物残渣和草屑。

5. 把托盘和塑料瓶放在温暖的地方，例如阳光充足的窗台。每天搅拌一下，再加一点儿水，帮助微生物把里面的垃圾分解成堆肥。

6. 当你不搅拌的时候，在上面盖一条厨房纸巾，使里面保持温暖和潮湿。

7. 连续数天往里添加棕色和绿色的垃圾层。但请记住，所有东西都需要时间来分解，所以要有耐心。

8. 当这些垃圾层变成堆肥时，你可以把它添加到植物周围的土壤中，这相当于给植物提供了营养丰富的健康零食！

* 棕色垃圾：如碎纸、撕碎的纸浆、鸡蛋托盘或干枯的落叶。
* 绿色垃圾：如蔬菜、食物残渣和草屑。

制作一个T恤包

灵感来自T恤潮

你需要的东西： 旧T恤和剪刀。

1. 找一件不会再穿的T恤。

2. 让大人帮你用剪刀剪掉袖子和领口，T恤包的开口和提手就做好了。

3. 沿着T恤的底部从前面到后面剪出多个5厘米的开衩，看起来就像垂下来的流苏。

4. 把前后对着的开衩紧紧地系在一起。

5. 如果绳结之间有很大的间隙，就将其中一些绳结系在一起。

6. 让流苏垂荡下来，或者把袋子翻过来让流苏藏在里面。这样，你的包就制作好了！

43

无土播种

灵感来自超级沙拉

你需要的东西： 蛋壳、记号笔、棉絮、水芹种子、喷壶和剪刀。

1. 大人做鸡蛋汤时，请大人弄破蛋壳较尖的一头，取出蛋液后留下蛋壳。

2. 仔细清洁蛋壳并把它晾干。（如果你不想用蛋壳，也可以用卫生纸筒替代。）

3. 用记号笔在蛋壳上画出有趣的表情，这样长出来的水芹看起来就像头发一样。

4. 用潮湿的棉絮填满空蛋壳，然后在上面放一些水芹种子。

5. 把你的蛋壳放在阳光充足的地方，如果棉絮变干，就喷些水。

6. 再过几天，水芹种子就会发芽，就像鸡蛋长出了"头发"。

7. 当叶子长到几厘米长时，你可以用剪刀修剪一下，然后把剪下的叶子夹在沙拉和三明治里享用。美味！

设计你自己的环保杯

灵感来自陶土杯和万里鞋

你需要的东西： 旧玻璃罐和橡皮筋。

1. 向大人要一个有宽边和盖子的空玻璃罐，把它清洗干净。

2. 找一些能紧紧套在玻璃罐上的橡皮筋，橡皮筋的颜色越多越好！

3. 按照你喜欢的色彩进行搭配，把不同颜色的橡皮筋套在罐子上。橡皮筋是一种很好的绝热体，可以起到保温的作用，让你的饮料保持冰爽。

烤一个蔬菜汉堡包

灵感来自无肉汉堡包

你需要的东西： 碗、黑豆、蔬菜、面粉和番茄酱。

1. 把适量泡发的黑豆、一把煮熟的蔬菜、4汤匙面粉和适量番茄酱放入碗中，均匀搅拌。

2. 再把它们捣成糊状。

3. 将糊状物揉成小球，放在烤盘上压平，表面刷少许油。

4. 和大人一起，将它们放入烤箱中，在180℃的温度下烘烤20分钟。

5. 当你的蔬菜汉堡做好时，可以直接吃，也可以把它们夹在面包里，配上你最喜欢的配料。好吃！

做一个你自己的集雨桶

灵感来自捕雾器

你需要的东西： 空牛奶瓶或饮料瓶、丙烯颜料或防水装饰、螺丝或高黏性胶带。

1. 向大人要一个带盖的大牛奶瓶或饮料瓶（2—3.5升）。取下标签并清洁干净。
2. 请大人小心地切掉底部。
3. 用丙烯颜料和防水装饰品装饰瓶身。记住，瓶子将被倒置固定，盖子在底部。
4. 请大人把瓶子牢牢地固定在室外的柱子或栅栏上——记住，它装满水后会变得很重！在瓶盖下方留出足够的空间来收集雨水，并且一定要把瓶盖拧紧。
5. 等待下雨，慢慢地你的集雨桶就会被装满！当你需要给植物浇水时，拧开盖子，小心地灌满洒水壶。

姜汁柠檬水

灵感来自植物的力量

你需要的东西： 姜、量杯、蜂蜜、3个柠檬、冰块和一个罐子。

1. 请大人帮忙把大约2厘米宽的生姜去皮，切成薄片。
2. 和大人一起，将生姜片与250毫升温水和60毫升蜂蜜在一个耐热的量杯中混合。搅拌均匀，直到蜂蜜完全溶解在水中，放置10—15分钟。
3. 把3个柠檬榨成汁。
4. 将生姜蜂蜜混合物过滤后倒入一个罐子里，加入柠檬汁，然后往罐子里倒上纯水或气泡水，再加些冰块。根据自身喜好，适当添加更多蜂蜜或柠檬汁。现在，开始享用超级健康的姜汁柠檬水吧！

塑料袋分配器

灵感来自生态砖

你需要的东西： 2升的空塑料瓶、剪刀、颜料或装饰品、螺丝或双面胶带。

1. 对2升的空塑料瓶进行再利用。请大人帮忙裁掉瓶底，如果瓶颈过于细长，也可将瓶颈裁掉。再把它好好清洗一下！

2. 在瓶子一侧的顶部和底部各打一个小洞，便于悬挂。

3. 用颜料或可粘贴的再生碎纸片装饰你的瓶子。

4. 请大人把它挂在墙上，再往里面装满塑料袋或可重复使用的袋子。然后，你就可以一个个地取用这些袋子了。

你可能需要了解的事物

我们都需要能量。能量是一种能使许多事情发生的力量，它有许多不同的表现形式，包括电、光、热、运动和声音。我们利用能量来加热、冷却、烹饪食物，或者装载更多的东西。

能源类型

我们使用两种类型的能源来提供动力——

可再生能源是一种可以自然更新的能源，在我们的有生之年不会用完。风、水和阳光都是可再生能源，可以用来发电。

不可再生能源来自无法再生的事物。我们使用的化石燃料就属于不可再生能源。

化石燃料： 煤、石油和天然气都是化石燃料，它们燃烧后可以为很多东西提供动力，从割草机到大型工厂都使用化石燃料。我们称它们为化石燃料是因为，就像化石一样，它们是植物和其他生物的遗骸，比如生活在数亿年前的史前浮游生物和恐龙的遗骸。这听起来可能很酷，但燃烧化石燃料会释放对环境有害的温室气体。

温室气体是指可以在地球大气层中吸收热量的气体，如二氧化碳和甲烷。它们的工作原理有点儿像温室：它们让阳光进入，但让热量难以散失。我们的星球需要一些温室气体来吸收热量，否则地球表面将变得冰冷，人类将难以生存。但在过去的几百年里，人类一直在燃烧大量的化石燃料，这向大气中释放了大量的温室气体，导致我们的星球变暖的速度比以往任何时候都快。

当世界各地气温上升时，**全球变暖**就会发生。

暖冬和更热的夏天可能听起来很可爱，但不幸的是，气温迅速上升且不受控制时，会对地球的气候产生很大的影响。全球变暖的原因之一就是化石燃料的燃烧。

气候变化是指地球的天气和温度在很长一段时间内发生的变化。在地球存在的45亿年里，气候发生了很大变化。地球有时很热，有时很冷（我们称之为冰河时代）。这些气候变化是由火山爆发等自然现象引起的，而且发生在非常漫长的一段时期。然而，在过去的几百年里，气候变化主要是由人类活动造成的，比如燃烧化石燃料，这导致全球正在以极快的速度变暖。

那么，气候变化对地球有哪些影响呢？

→ 气温上升导致冰川和冰盖融化，从而导致海平面上升和洪水泛滥。

→ 海水吸收二氧化碳后酸性更强。这可能会危害到生活在海洋中的植物和动物。

→ 热浪、干旱和台风等极端天气发生的频率更高，强度也更大。

我们怎样才能让情况好转？

气候变化是一件令人不安的事情，因为它影响自然环境，使地球上的人类和野生动物的生活变得艰难。但是，如果我们能够理解气候变化，我们就可以讨论它，并促使情况好转。

好消息是，通过使用更少的化石燃料和排放更少的温室气体，我们可以帮助控制气候变化，减少它对地球的影响。

我们该怎么做？

本书收录了多个平凡的**可持续**物品的不平凡故事。如果某种物品是可持续的，它通常是以一种确保它能用很长时间的方式制造的，或者是利用对环境危害尽可能小的资源制造的。当我们以可持续的方式生活时，我们是在确保资源在未来仍然可以为其他人使用。你在本书中读到的所有物品都是可持续的，比如由海藻制成的包装或利用气候条件创造的发明。

有益于地球的3R原则

减量化——我们可以通过少扔东西和只买我们真正需要的东西来减少废弃物的产生。

再利用——当我们重复使用物品时就是对物品的再利用。同时，我们也可以为旧物品找到新用途。

再循环——当我们把废弃物变成新的可重复使用的材料时，就实现了物品的再循环。

REDUCE 减量化

再利用

再循环

REUSE

RECYCLE

词汇表

本页对几个特殊名词的简要描述可以帮助你理解它们的含义。
我真的很喜欢认识新名词和学习新事物，你呢？

请保持好奇！

不可回收垃圾

不可回收的垃圾不容易分解，这会导致垃圾填埋场被填满以及有害物质的堆积。当你买东西的时候，检查一下包装是否可以回收。常见的不可回收垃圾包括保鲜膜、零食袋、糖纸、气泡纸、聚苯乙烯和一次性塑料用品。

地热能

地热能是一种来自地球内部的天然热能。它可以通过钻井抽取。地热能可以用来驱动与发电机相连的涡轮机。虽然地热能是一种可再生能源，但也需谨慎获取和管理。

环保主义者

环保主义者致力于保护生物的生命、自然栖息地和生态系统。有很多不同类型的环保主义者，但他们都肩负着同样的使命 —— 关爱地球，改善地球环境。

砍伐森林

这是指永久移除树木，将开辟出的土地用于耕种或放牧，或将砍伐得到的木材用于燃料、建筑或制造产品。而重新造林是指在树木被砍伐的森林中种植树木。

可生物降解

当某些东西可以被微生物破坏或分解时，它就是可生物降解的。

垃圾填埋场

垃圾填埋场是倾倒废弃物的地方。它们不仅影响美观，而且还会产生有害的温室气体，导致全球变暖。渗漏到水和土壤中的有害物质还会污染当地环境。几乎三分之二的填埋废物是可生物降解的，因此，我们需要大力提倡堆肥和减少食物浪费！

人造材料

人造材料是指人类利用科学技术创造出来的自然界中没有的材料。

微生物

微小的生物，如细菌和真菌，我们只有通过显微镜才能看到它们。微生物有助于分解天然物质。

微塑料

微塑料是指直径小于5毫米的塑料碎片——大约与芝麻大小相同。它们由较大的塑料碎片分解而来，或来自化妆品、服装或工业生产过程。这些微小颗粒正在污染海洋、淡水和土地，人类和动物每天都会摄入它们。

污染

当有害物质进入空气、水或土地时，污染就发生了。污染危害环境以及所有生物的生长发育。噪声和光污染也影响人类和动物的生活，它们通常由机器和交通运输造成，会扰乱自然环境。

循环经济

循环经济在生产商品的同时限制自然资源的浪费，旨在尽可能使用可再生资源。它与线性经济相反，线性经济是"获取、制造、丢弃"的生产模式。

一次性塑料用品

一次性塑料用品是一种常见的不可回收垃圾，使用一次就会被扔掉。一次性塑料用品包括塑料餐具、吸管、杯子和大多数食品包装。记住"3R原则"，看看你有什么可以减少使用、再利用或再循环的。

有机

当我们谈论有机的东西时，我们通常指的是，它是在没有使用化肥、农药或其他人工化学品的情况下生产出来的。它通常与食物和耕作方法有关，对环境更友好。

自然资源

自然资源来自植物、动物或环境。它们通常要么是可再生的（风能、水能、太阳能），要么是不可再生的（石油、天然气、煤炭）。我们使用自然资源来制造材料（纸张、玻璃、塑料），其中一些可以回收再利用。一些自然资源数量有限，如淡水。尽我们所能保护我们的自然资源很重要。

要找的东西！

发现事物真的很令人兴奋，尤其是当你注意到一些新的东西时——比如树叶下的一只
小野兽或天空中的一颗星星。有时你甚至会发现一些别人从未见过的东西！
看看你能不能在书里找到下面这些物品。此外，你还能找到什么呢？

请持续探索！

雷神	老鼠	肉桂	洗发水	蜂蜜
划艇	货车	瓢虫	鹰	猴子
独轮车	扳手	甜菜根	山羊	猎豹
斑海豹	踏板摩托车	细菌		

另外，看看你能不能
在每个故事里找到
我的身影！